河南省工程建设标准

混凝土保温幕墙工程技术标准

Technical standard for Concrete Curtain Wall with insulation layer Engineering

DBJ41/T 112－2019

主编单位:河南省第一建筑工程集团有限责任公司
河南省建筑科学研究院有限公司
批准单位:河南省住房和城乡建设厅
施行日期:2020年1月1日

黄河水利出版社
2020 郑州

图书在版编目(CIP)数据

混凝土保温幕墙工程技术标准/河南省第一建筑工程集团有限责任公司,河南省建筑科学研究院有限公司主编.—郑州:黄河水利出版社,2020.1

河南省工程建设标准

ISBN 978-7-5509-2594-6

Ⅰ.①混… Ⅱ.①河…②河… Ⅲ.①混凝土结构-保温-墙-技术标准-河南 Ⅳ.①TU761.1-65

中国版本图书馆CIP数据核字(2020)第026535号

出 版 社:黄河水利出版社

地址:河南省郑州市顺河路黄委会综合楼14层 邮政编码:450003

发行单位:黄河水利出版社

发行部电话:0371-66026940、66020550、66028024、66022620(传真)

E-mail:hhslcbs@126.com

承印单位:郑州豫兴印刷有限公司

开本:850 mm×1 168 mm 1/32

印张:1.875

字数:47千字

版次:2020年1月第1版 印次:2020年1月第1次印刷

定价:32.00元

河南省住房和城乡建设厅
关于发布工程建设标准《混凝土保温幕墙工程技术标准》的公告

公告〔2019〕129号

河南省第一建筑工程集团有限责任公司原编制的《混凝土保温幕墙工程技术规程》(DBJ41/T 112－2016)修订为《混凝土保温幕墙工程技术标准》,现批准为我省工程建设地方标准,修订后编号为DBJ41/T 112－2019,自2020年1月1日起在我省施行。

本标准在河南省住房和城乡建设厅门户网(www.hnjs.gov.cn)公开,河南省住房和城乡建设厅负责管理,河南省第一建筑工程集团有限责任公司负责技术解释。

2019年11月26日

前　言

混凝土保温幕墙是由混凝土面层与保温板材组成的、不承担主体结构荷载与作用的保温与结构一体化保温系统。该系统可提高保温层粘贴的安全性和耐久性，符合相关防火标准要求，具有保温与建筑主体结构设计使用年限相同，可以用于既有建筑的节能改造等特点。

本标准是在河南省工程建设标准《混凝土保温幕墙工程技术规程》DBJ41/T 112－2016 的基础上，根据混凝土保温幕墙在实际工程中的应用情况，经总结经验、征求意见后修订而成。

本次修订的主要内容包括：

1　进一步明确了标准的适用范围；

2　保温体系安全度计算方法符合国内相关标准规定；

3　提出岩棉外墙保温与结构一体化构造，适用于既有建筑的节能改造；

4　提出混凝土保温幕墙安全检测方法和规定，完善了质量验收内容。

本标准主要内容包括：1 总则；2 术语；3 基本规定；4 材料性能要求；5 设计；6 施工；7 验收。

本标准由河南省住房和城乡建设厅负责管理，由河南省第一建筑工程集团有限责任公司负责具体技术内容的解释。在执行时如需修改和补充，请将意见寄送河南省第一建筑工程集团有限责任公司（地址：郑州市航海东路 246 号，邮编：450009）。

主编单位：河南省第一建筑工程集团有限责任公司
　　　　　　河南省建筑科学研究院有限公司

参编单位：河南诚宸建设工程有限公司
　　　　　　河南旭凯建筑工程有限公司

河南省德嘉丽科技开发有限公司
河南省金昌润建筑工程有限公司
泰宏建设发展有限公司
河南睿利特新型建材有限公司
河南省雅阁新材料有限公司
郑州中天建筑保温工程有限公司
郑州昇华建筑科技有限公司
黄淮学院
河南楼上建材科技有限公司
河南省新盛建筑节能装饰有限公司
河南省鸿岩特种工程材料有限公司

主要起草人：胡伦坚　潘玉勤　冯敬涛　李建民　职晓云
郭　强　李明献　李国瑞　胡保刚　张功利
刘金岭　张国杰　许玉龙　刘海龙　邓富梅
李保修　王丹芝　李明国　李浩民　段江生
肖庆丰　付红安　元海军　陈　峰　牛蒙蒙
许延永　杨德磊　陈秀云　邵莲芬　肖洪涛
杜　虎　崔朋勃　代利利　张新建　王晓东
苏英杰

审 查 人 员：刘立新　解　伟　宋建学　鲁性旭　唐　丽
季三荣　张　维

目　次

1 总 则

1.0.1 为规范混凝土保温幕墙工程技术要求,保证工程质量,做到技术先进、安全可靠、经济合理,制定本标准。

1.0.2 本标准适用范围如下:

1 抗震设防烈度小于或等于 8 度的地区。

2 当采用 A 级保温材料时,适用于建筑高度不大于 120 m 的民用建筑中后置混凝土保温幕墙工程的设计、施工及验收。

3 当采用 B1 级保温材料时,适用于建筑高度不大于 100 m 的新建、改建、扩建的住宅建筑和建筑高度不大于 50 m 的公共建筑(设置人员密集场所的建筑除外)混凝土保温幕墙工程的设计、施工及验收。

1.0.3 混凝土保温幕墙工程除应符合本标准外,尚应符合国家现行有关标准的规定。

2 术 语

2.0.1 混凝土保温幕墙 concrete curtain wall with insulation layer

由混凝土面层与保温板材组成的、不承担主体结构荷载与作用的建筑外墙外保温构造。包括现浇混凝土保温幕墙、后置混凝土保温幕墙。

2.0.2 现浇混凝土保温幕墙 cast – in – situ concrete curtain wall with insulation layer

与主体结构同步施工的混凝土保温幕墙。

2.0.3 后置混凝土保温幕墙 post concrete curtain wall with insulation layer

主体结构或建筑围护墙体施工完成后再施工的混凝土保温幕墙。

2.0.4 基层墙体 substrate wall

保温系统所依附的外墙。

2.0.5 保温层 thermal insulation layer

由保温材料组成,在外保温系统中起保温作用的构造层。

2.0.6 混凝土面层 concrete pavement

混凝土和钢丝网组成,保护保温层并起防裂、防水、抗冲击和防火作用的构造层。

2.0.7 拉结钢筋 attaiching rebar

将混凝土面层与基层拉结在一起的钢筋。

2.0.8 连接件 connector

将面层与基层连接在一起的型钢。

2.0.9 刚性支托 rigid support

支托外墙外保温体系的支撑件。

2.0.10 缩缝 contraction joint

防止温度降低时，混凝土收缩在面层出现不规则裂缝而设置的温度变形缝。

2.0.11 胀缝 expansion joint

防止温度升高时，混凝土膨胀在面层出现拱起、爆裂现象而设置的温度变形缝。

3 基本规定

3.0.1 混凝土保温幕墙应能适应基层的正常变形而不产生裂缝或空鼓。

3.0.2 混凝土保温幕墙应能长期承受自重、风载荷和室外气候的长期反复作用而不产生有害的变形和破坏。

3.0.3 混凝土保温幕墙在正常使用中或地震发生时不应从基层上脱落。

3.0.4 混凝土保温幕墙应具有防止火焰沿外墙面蔓延的能力。

3.0.5 混凝土保温幕墙应具有防止水渗透性能。

3.0.6 混凝土保温幕墙的保温、隔热和防潮性能应符合现行国家标准《民用建筑热工设计规范》GB 50176 和国家现行相关建筑节能设计标准的规定。

3.0.7 混凝土保温幕墙防火性能应符合相关防火标准的要求。

3.0.8 混凝土保温幕墙应避免存在集中的热桥。

3.0.9 在正确使用和正常维护的条件下，混凝土保温幕墙应与主体结构的设计使用年限相同。

4 材料性能要求

4.0.1 保温材料的性能应符合表4.0.1-1 和表4.0.1-2 的要求。

表4.0.1-1 模塑聚苯乙烯泡沫塑料板和挤塑聚苯乙烯泡沫塑料板的主要性能

检验项目	保温材料			试验方法
	模塑聚苯乙烯泡沫塑料板		挤塑聚苯乙烯泡沫塑料板	
	033 级	039 级		
导热系数［W/(m·K)］	≤0.033	≤0.039	不带表皮 ≤0.032	GB/T 10294 GB/T 10295
			带表皮 ≤0.030	
密度(kg/m^3)	18～22		25～35	GB/T 6343
压缩强度(MPa)(形变10%)	≥0.10		≥0.20	GB/T 8813
垂直于板面的抗拉强度(MPa)	≥0.10		≥0.20	JGJ 144
尺寸稳定性(%)	≤0.3	≤1.0	≤1.0	GB 8811
吸水率(V/V,%)	≤3	≤1.5	≤1.5	GB/T 8810
燃烧性能级别	B_1级			GB 8624

表 4.0.1-2　岩棉板的主要性能

检验项目		性能指标		试验方法
垂直于板面方向的抗拉强度（kPa）		TR10	TR15	GB/T 25975
		≥10.0	≥15.0	
湿热拉伸强度保留率 *（%）		≥50		GB/T 30808
导热系数[W/(m·K)]		≤0.040		GB/T 10294
吸水量（部分浸入）（kg/m^2）	24 h	≤0.2		GB/T 25975
	28 d	≤0.4		
质量吸湿率（%）		≤0.5		GB/T 5480
憎水率（%）		≥98.0		GB/T 10299
尺寸稳定性（长/宽/厚）（%）		≤0.2		GB/T 25975
酸度系数		≥1.8		GB/T 5480
燃烧性能		A 级		GB 8624

注：* 湿热处理条件：温度（70 ± 2）℃，相对湿度（90 ± 3）%，放置 7 d ± 1 h，（23 ± 2）℃干燥至质量恒定。

4.0.2　连接件、托架及焊接网用钢材主要性能应符合下列规定：

1　钢板应符合现行国家标准《碳素结构钢和低合金结构钢热轧钢板和钢带》GB/T 3274 的规定；

2　型钢应符合现行国家标准《热轧型钢》GB/T 706 的规定；

3　钢筋应符合现行国家标准《钢筋混凝土用钢 第 1 部分：热轧光圆钢筋》GB/T 1499.1 和《钢筋混凝土用钢 第 2 部分：热轧带肋钢筋》GB/T 1499.2 的规定；

4　连接件焊缝质量要求应符合现行国家标准《焊接接头拉伸试验方法》GB/T 2651 的规定；

5　钢筋焊接网可采用 CDW550 级冷拔低碳钢丝、HRB400 级热轧带肋钢筋或 CRB550 级冷轧带肋钢筋，性能要求应符合现行国家标准《钢筋混凝土用钢筋 第3部分:钢筋焊接网》GB/T 1499.3的规定。

4.0.3 硅酮耐候密封胶用于外墙外保温系统板缝处密封防水处理,其性能应满足现行国家标准《硅酮和改性硅酮建筑密封胶》GB/T 14683的规定。

5 设 计

5.1 一般规定

5.1.1 混凝土保温幕墙的防火设计应符合现行国家标准《建筑设计防火规范》GB 50016 的有关规定。

5.1.2 混凝土保温幕墙的平均传热系数 K 值和热惰性指标 D 值应按现行国家标准《民用建筑热工设计规范》GB 50176 的规定计算。保温材料导热系数、蓄热系数的修正系数 α 取 1.3。

5.1.3 混凝土保温幕墙应附着在建筑物的混凝土或砖砌体等实心外围护结构上。当外围护结构采用加气混凝土砌块、空心砌块或空心砖等材料时，应采取可靠的连接锚固措施。

5.1.4 混凝土保温幕墙及其连接件应具有足够的承载力、刚度，并能适应主体结构的变形。

5.1.5 有抗震设防要求的混凝土保温幕墙在设防烈度地震作用下经维修后仍可使用。

5.1.6 混凝土保温幕墙构件的设计，应计算混凝土保温幕墙的重力荷载、风荷载和地震作用效应。

5.1.7 混凝土保温幕墙结构设计时，应考虑分析混凝土保温幕墙重力荷载对主体结构受力性能的影响。

5.1.8 混凝土保温幕墙的防雷设计除应符合现行国家标准《建筑物防雷设计规范》GB 50057 的有关规定外，尚应经建筑设计单位认可。

5.2 结构设计

5.2.1 混凝土保温幕墙构件应采用弹性方法计算内力与位移，并应符合下列规定：

1 应力或承载力

$$S \leqslant R \tag{5.2.1-1}$$

2 位移或挠度

$$u \leqslant [u] \tag{5.2.1-2}$$

式中 S——截面内力设计值;

R——截面承载力设计值;

u——由荷载或作用标准值产生的位移或挠度;

$[u]$——位移或挠度限值。

5.2.2 荷载或作用的分项系数应按下列规定采用:

1 进行系统构件、连接件和预埋件承载力计算时:

永久荷载分项系数 γ_G:1.3

风荷载分项系数 γ_W:1.5

地震作用分项系数 γ_E:1.3

2 进行位移和挠度计算时:

永久荷载分项系数 γ_G:1.0

风荷载分项系数 γ_W:1.0

地震作用分项系数 γ_E:1.0

5.2.3 当两个以上的可变荷载或作用(风荷载、地震作用)效应参加组合时,第一个可变荷载或作用效应的组合系数应按1.0采用;第二个可变荷载或作用效应的组合系数应按0.6采用。

5.2.4 结构设计时,应根据结构受力特点、荷载或作用的情况和产生的应力(内力)作用的方向,选用最不利的组合。荷载和作用效应组合设计值,应按下式采用:

$$S = \gamma_G S_G + \gamma_W \psi_W S_W + \gamma_E \psi_E S_E \tag{5.2.4}$$

式中 S——荷载和作用产生的截面内力设计值;

S_G——永久荷载产生的效应;

S_W、S_E——风荷载、地震作用作为可变荷载和作用产生的效应,按不同的组合情况,二者可分别作为第

一、第二个可变荷载和作用产生的效应；

γ_G、γ_W、γ_E——各效应的分项系数，应按本标准第5.2.2条的规定采用；

ψ_W、ψ_E——风荷载作用和地震作用效应的组合系数，按本标准第5.2.3条的规定取值。

5.2.5 荷载和作用的计算应符合下列规定：

1 混凝土保温幕墙的自重标准值应按下列数值采用：

保温材料(岩棉板)	1.5 kN/m^3
保温材料(模塑聚苯板和挤塑聚苯板)	0.3 kN/m^3
钢材	78.5 kN/m^3
混凝土	25.0 kN/m^3

2 作用于墙面上的风荷载标准值应按下式计算，且不应小于1.0 kN/m^2：

$$\omega_k = \beta_{gz}\mu_z\mu_s\omega_0 \tag{5.2.5-1}$$

式中 ω_k——作用于墙面上的风荷载标准值，kN/m^2；

β_{gz}——风振系数，应符合现行国家标准《建筑结构荷载规范》GB 50009的有关规定，必要时应进行专门研究确定；

μ_s——风荷载体型系数，竖直墙体外表面可按±1.5采用，斜墙体风荷载体型系数可根据实际情况，按现行国家标准《建筑结构荷载规范》GB 50009的规定采用，当建筑物进行了风洞试验时，墙体的风荷载体型系数可根据风洞试验结果确定；

μ_z——风压高度变化系数，应按现行国家标准《建筑结构荷载规范》GB 50009的规定采用；

ω_0——基本风压，kN/m^2，应根据按现行国家标准《建筑结构荷载规范》GB 50009的规定采用。

3 垂直于墙面的分布水平地震作用标准值应按下式计算：

$$F_{EVK} = \frac{\beta_E \alpha_{max} G}{A} \quad (5.2.5\text{-}2)$$

式中 F_{EVK}—— 垂直于墙面的分布水平地震作用标准值,kN/m²;

G——保温板、混凝土面层和连接件的重量,kN;

A——构件的面积,m²;

α_{max}——水平地震影响系数最大值,6 度抗震设计时可取 0.04,7 度抗震设计时可取 0.08,8 度抗震设计时可取 0.16。

β_E——动力放大系数,可取 5.0。

4 平行于墙面的集中水平地震作用标准值应按下式计算:

$$F_{EK} = \beta_E \alpha_{max} G \quad (5.2.5\text{-}3)$$

式中 F_{Ek}——平行于墙面的集中水平地震作用标准值,kN;

G——保温板、混凝土面层和连接件的重量,kN;

α_{max}——地震影响系数最大值,6 度抗震设计时可取 0.04,7 度抗震设计时可取 0.08,8 度抗震设计时可取 0.16;

β_E——动力放大系数,可取 5.0。

5.2.6 混凝土面层的设计应符合下列规定:

1 混凝土面层的强度等级不应低于 C25,不宜高于 C40。

2 混凝土面层内钢筋宜设置在混凝土面层中间部位。

3 混凝土面层中由各种荷载和作用产生的最大应力标准值应按本标准第 5.2.4 条的规定进行组合,按混凝土面层与连接件的连接方式进行计算,按照现行行业标准《钢筋焊接网混凝土结构技术规程》JGJ 114 进行设计。

5.2.7 连接构件的设计应符合下列规定:

1 连接构件包括拉结钢筋、连接件和刚性支托,应能承受保温层和混凝土面层的永久荷载、风荷载、地震作用。连接构件应进行承载力计算。

2 连接构件与主体结构的锚固强度应大于连接件本身的承载力设计值。

3 与连接构件直接相连接的主体结构件,其承载力应大于连接构件的承载力。

4 连接构件与混凝土面层应连接可靠,并符合现行国家标准《钢结构设计标准》GB 50017 的有关规定。

5 现浇混凝土保温幕墙的连接构件应在基层墙体混凝土施工时埋入;后置混凝土保温幕墙的连接构件宜在基层墙体施工时埋设,或在基层墙体施工后植入。连接构件采用植筋法或锚栓法固定在基层上时,应符合现行国家标准《混凝土结构加固设计规范》GB 50367 的有关规定。

5.3 构造要求

5.3.1 混凝土保温幕墙的基本构造见图 5.3.1。

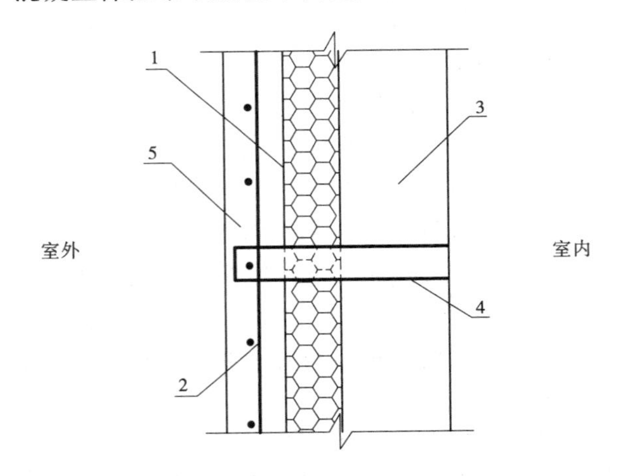

1—保温层;2—钢筋网;3—基层墙体;4—连接构件;5—混凝土面层

图 5.3.1 混凝土保温幕墙的基本构造

5.3.2 混凝土保温幕墙应避免热桥集中现象,每平方米外墙外保温墙面中热桥面积应不大于 100 cm^2。当热桥面积大于 100 cm^2 时,设计应考虑热桥集中的影响。

5.3.3 混凝土保温幕墙保温材料及面层构造应符合下列规定:

1 采用模塑聚苯乙烯泡沫塑料保温板或者挤塑聚苯乙烯泡沫塑料保温板作为保温层时,混凝土面层厚度应不小于 50 mm。混凝土面层内钢筋当采用直径大于或等于 4 mm 时,间距不宜大于 100 mm;当采用直径不小于 3 mm 时,间距不宜大于 50 mm,连接件或拉结钢筋的间距不应大于 400 mm。

2 采用岩棉板做保温层时,混凝土面层厚度应不小于 25 mm, 混凝土面层内钢筋直径应大于或等于 3 mm,间距不宜大于 50 mm。

3 钢筋宜设置在混凝土面层中间部位。

5.3.4 钢筋焊接网的搭接方式应符合现行行业标准《钢筋焊接网混凝土结构技术规程》JGJ 114 的构造要求。

5.3.5 使用连接件拉结混凝土面层时,连接件应采用不小于∟40×40×3的角钢。连接件间距应小于 1 m。在距离混凝土面层边沿 50~100 mm 范围内应设置连接件。连接件在现浇混凝土的埋置深度不应小于 150 mm。

5.3.6 使用拉结钢筋拉结混凝土面层时,拉结钢筋宜采用螺纹钢筋,直径应大于或等于 8 mm。拉结钢筋间距不应大于 500 mm,并应在基层适当位置设置刚性支托。拉结钢筋在现浇混凝土的埋置深度不应小于 100 mm。基本构造见图 5.3.6。

5.3.7 刚性支托可采用现浇钢筋混凝土构件(见图 5.3.6)或型钢(见图 5.3.7)。刚性支托水平间距不宜大于 1 000 mm,垂直间距不宜大于 6 000 mm,截面面积不宜大于 100 mm×100 mm。型钢支托在现浇混凝土的埋置深度应不小于 180 mm。

5.3.8 连接件、拉结钢筋在保温层内的部分应进行防腐处理。

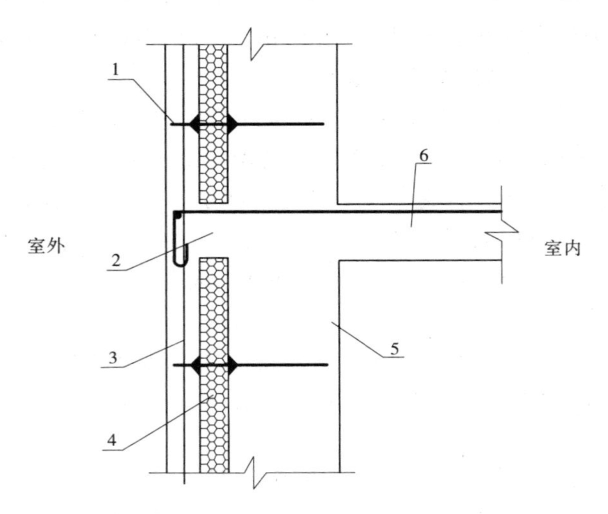

1—拉结钢筋;2—钢筋混凝土刚性支托;3—混凝土面层;4—保温层;5—基层墙体;6—楼板

图 5.3.6　拉结钢筋拉结混凝土面层基本构造

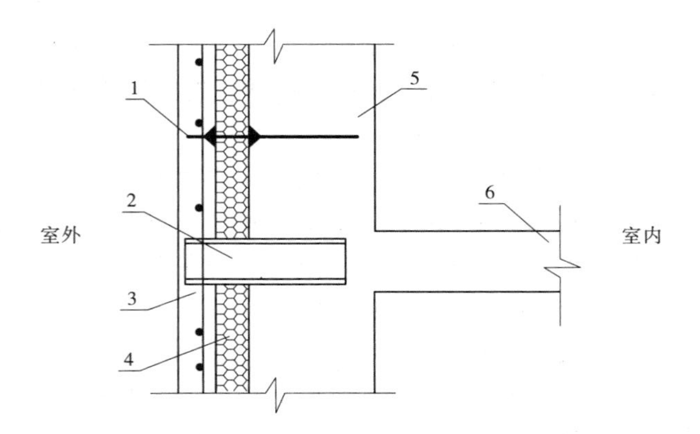

1—拉结钢筋;2—型钢支托;3—混凝土面层;4—保温层;5—基层墙体;6—楼板

图 5.3.7　型钢支托

5.3.9 混凝土保温幕墙的混凝土面层应设置缩缝和胀缝。当采用面砖等块状饰面材料时，饰面材料应结合缩缝和胀缝位置，不应覆盖缩缝和胀缝。

缩缝间距不应超过 4 m，缩缝的构造做法见图 5.3.9(a)，缩缝的切缝深度不应切断混凝土面层内钢筋。

胀缝间距不应超过 20 m，胀缝的构造做法见图 5.3.9(b)，胀缝边沿 50 ~ 100 mm 范围内应设置连接件。

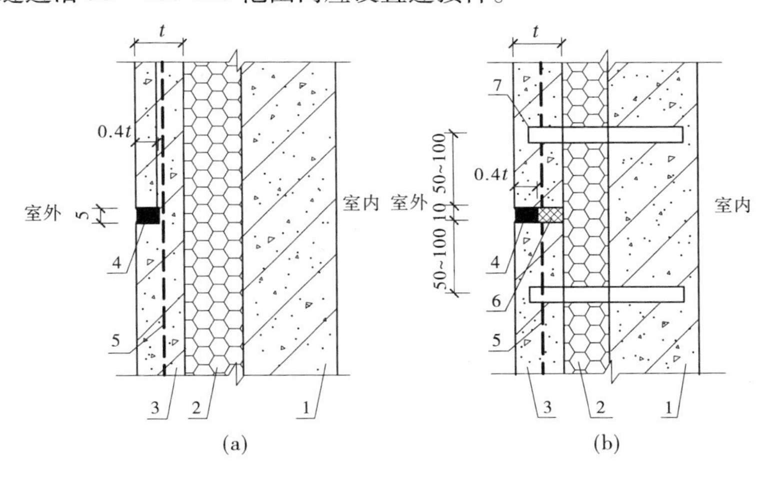

1—基层墙体；2—保温层；3—混凝土面层；4—密封胶；5—钢筋；6—岩棉条；7—连接构件

图 5.3.9 缩缝、胀缝构造做法

5.3.10 混凝土保温幕墙须满足主体结构变形缝要求，并应保证混凝土保温幕墙自身的功能性和完整性。

5.3.11 混凝土保温幕墙在门窗洞口处，应对保温板外露部分进行封闭处理（见图 5.3.11(a)、图 5.3.11(b)）。

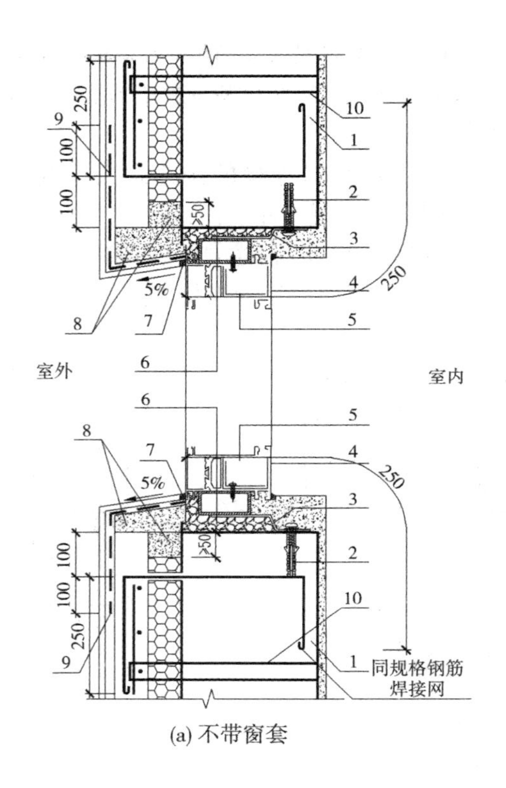

(a) 不带窗套

1—基层墙体;2—膨胀螺栓;3—1.5 厚镀锌连接件;
4—窗框;5—钢衬;6—发泡聚氨酯;
7—建筑密封胶;8—无机保温砂浆;
9—耐碱玻璃纤维网布;10—连接构件

图 5.3.11　窗洞口保温板收头节点

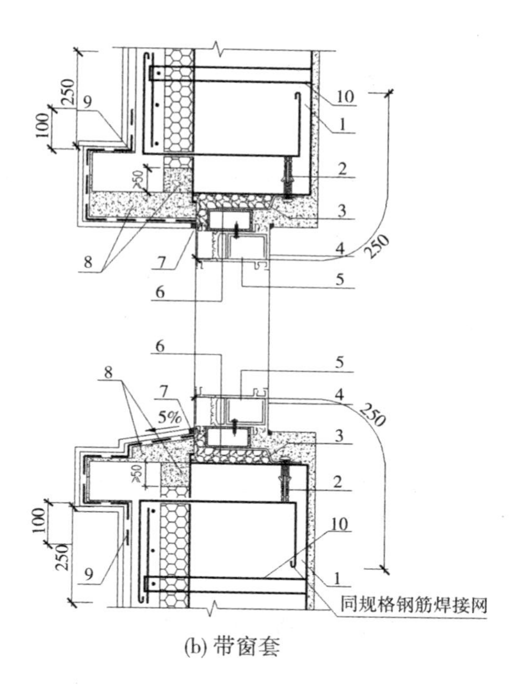

250
100
9
10
1
2
>50
3
8
7
4
250
5
6
6
5
8
7
4
5%
250
3
>50
2
100
10
250
9
1
同规格钢筋焊接网

(b) 带窗套

续图 5.3.11

6 施 工

6.1 一般规定

6.1.1 混凝土保温幕墙的施工现场质量管理应有相应的施工技术标准、健全的质量管理体系、施工质量控制和质量检验制度。

6.1.2 混凝土保温幕墙的施工应编制施工组织设计或施工技术方案,并经审查批准。

6.1.3 现浇混凝土保温幕墙的施工包括模板、钢筋和连接构件、保温板安装,混凝土浇筑及分缝处理等施工过程。

6.1.4 后置混凝土保温幕墙施工包括连接构件设置、保温板和钢筋安装、混凝土涂抹、分缝处理等施工过程。连接构件宜在主体结构施工时埋设。

6.2 模板子项工程

6.2.1 模板系统应按现行行业标准《建筑施工模板安全技术规范》JGJ162 规定进行设计和安装。

6.2.2 在浇筑混凝土之前应对模板系统进行验收。模板安装和浇筑混凝土时应对模板系统进行巡察和维护,发生异常情况时应按施工技术方案及时进行处理。

6.2.3 模板拆除的顺序及安全措施应按施工技术方案执行。

6.3 钢筋和连接构件子项工程

6.3.1 钢筋和钢筋焊接网的品种、级别或规格应符合设计要求,力学性能和重量应符合有关标准的规定。

6.3.2 钢筋和钢筋焊接网进场时应对其重量偏差、抗拉强度、屈服强度、断后伸长率、最大力下总伸长率、弯曲性能、屈强比、钢丝网片抗剪强度进行复验。

6.3.3 现浇混凝土保温幕墙的连接构件设置，应在主体结构钢筋绑扎后，配合保温板安装阶段进行，钢筋焊接网、附加钢筋和连接件（拉结钢筋）之间的连接、搭接构造应符合设计要求。保证主体结构钢筋、钢筋焊接网、附加钢筋和连接构件之间的连接可靠。

6.3.4 后置混凝土保温幕墙的连接构件设置，宜在墙体砌筑时置入墙体。连接构件采用植筋法或锚栓法固定置入基层时，施工工艺应符合《建筑结构加固工程施工质量验收规范》GB 50550 的有关规定。

6.3.5 附加钢筋宜在现场绑扎，并应符合现行国家标准《混凝土结构工程施工质量验收规范》GB 50204 的有关规定。

6.3.6 两张钢筋焊接网网片搭接时，在搭接区不超过 600 mm 距离应采用钢丝绑扎一道。在附加钢筋与焊接网连接的每个节点处均应采用钢丝绑扎。

6.3.7 两张钢筋焊接网网片搭接方法应符合施工方案要求。搭接位置应离开混凝土构件边沿或连接件大于 300 mm，并保证接缝平整严密。

6.3.8 钢筋焊接网安装时，应设置能限制保温板位移，保证保护层厚度的垫块，垫块间距应小于 600 mm。

6.3.9 连接件、拉结钢筋、刚性支托、预埋件和预留洞应该按设计要求设置牢固，保证在施工过程中不发生位移。

6.4 保温板子项工程

6.4.1 保温板分项工程应对下列部位或内容留存文字记录和必要的图像资料：

1 被封闭的保温材料厚度及材质；

2 保温板固定方法；

3 保温板上是否有随意开洞现象；

4　墙体热桥部位处理。

6.4.2　保温板的品种、规格和厚度应符合设计要求和相关标准的规定。

6.4.3　保温板进场时应对其导热系数、燃烧性能、密度、抗压强度或压缩强度进行复验。

6.4.4　保温板安装时应保证外观完整无破损。保温板材在模板中的位置应符合设计要求，并按照经过审批的施工方案固定牢固。严禁在保温板上随意开洞。

6.4.5　施工产生的保温板缺陷，应按照施工方案采取隔断热桥措施，不得影响墙体热工性能。

6.5　混凝土子项工程

6.5.1　混凝土的强度等级应符合设计要求。

6.5.2　现浇系统所用混凝土的粗骨料，其最大颗粒粒径不得超过构件截面最小尺寸的 1/4。

6.5.3　混凝土运输、浇筑及间歇的全部时间不应超过混凝土的初凝时间。同一施工段的混凝土应连续浇筑，并应在底层混凝土初凝之前将上一层混凝土浇筑完毕。当底层混凝土初凝后浇筑上一层混凝土时，应按施工技术方案中的要求对施工缝进行处理。

6.5.4　混凝土浇筑速度宜小于 0.5 m/h，保温板两侧混凝土的高差应控制在 400 mm 以内。

6.5.5　在混凝土浇筑时，震动棒不得碰触保温板及定位垫块，防止保温板在浇筑混凝土过程中移位、变形。

6.5.6　后置混凝土保温幕墙在保温板和面层混凝土内钢筋网片安装完成后，进行混凝土涂抹。混凝土涂抹分两次完成。第一次混凝土涂抹厚度以能够覆盖钢筋焊接网为宜；待混凝土初凝前，进行第二次混凝土涂抹，厚度以 20 mm 为宜。第二次混凝土涂抹后，应及时收面抹光。

6.5.7 混凝土面层分两次成活，且两层混凝土施工的间隔在12 h以上时，在第二次混凝土施工前，应将第一次完成的混凝土面层清理干净，湿润墙面并涂刷界面剂。

6.5.8 环境温度低于0 ℃时，新浇筑混凝土应采取保温措施。

6.5.9 混凝土浇筑完毕后，应按施工技术方案及时采取有效的养护措施，并应符合下列规定：

1 应在浇筑完毕后的12 h以内对混凝土加以覆盖并保湿养护；

2 混凝土浇水养护的时间：对采用硅酸盐水泥、普通硅酸盐水泥或矿渣硅酸盐水泥拌制的混凝土，不得少于7 d；对掺用缓凝型外加剂的混凝土，不得少于14 d。

3 浇水次数应能保持混凝土处于湿润状态。

4 采用塑料薄膜覆盖养护的混凝土，其裸露的全部表面应覆盖严密，并应保持塑料布内有凝结水。

5 当日平均气温低于5 ℃时，不得浇水。

6 混凝土表面不便浇水或使用塑料薄膜时，宜涂刷养护剂。

6.5.10 混凝土养护期满，按设计要求进行外墙外保温系统分缝处理。分缝的宽度、深度应符合设计规定。

6.5.11 缩缝应嵌入硅酮耐候密封胶；胀缝应嵌入岩棉条和硅酮耐候密封胶。

7 验 收

7.1 一般规定

7.1.1 混凝土保温幕墙分项工程按照现行国家标准《建筑工程施工质量验收统一标准》GB 50300 中建筑节能分部工程围护系统节能分项工程验收，并应符合下列规定：

1 混凝土保温幕墙分项工程的检验批验收和隐蔽工程验收应由监理工程师主持，施工单位相关专业的质量检查员与施工员参加。

2 各子项工程验收应由监理工程师主持，施工单位项目技术负责人和相关专业的质量检查员、施工员参加；必要时可邀请设计单位相关专业的人员参加。

3 分项工程验收应由监理工程师（建设单位项目负责人）主持，施工单位项目经理、项目技术负责人和相关专业的质量检查员、施工员参加；施工单位的质量或技术负责人应参加；设计单位设计人员应参加。

7.1.2 混凝土保温幕墙工程的检验批质量验收合格，应符合下列规定：

1 检验批应按主控项目和一般项目验收；

2 主控项目应全部合格；

3 一般项目应合格，当采用计数检验时，至少应有 80% 以上的检查点合格，且其余检查点不得有严重缺陷；

4 应具有完整的施工操作依据和质量验收记录。

7.1.3 各子项工程质量验收合格，应符合下列规定：

1 子项工程所含的检验批均应合格；

2 子项工程所含检验批的质量验收记录应完整。

7.1.4 混凝土保温幕墙分部工程质量验收合格,应符合下列规定:

1 有关子项工程全部合格;

2 质量控制资料完整;

3 观感质量验收合格;

4 混凝土强度等级符合设计要求;

5 外墙节能构造现场实体检验结果应符合设计要求。

7.1.5 混凝土保温幕墙分部工程施工质量验收时,应对下列资料核查,并纳入竣工技术档案:

1 设计文件、图纸会审记录、设计变更和洽商;

2 原材料质量证明文件、进场检验记录、进场核查记录、进场复验报告、见证试验报告;

3 混凝土工程施工记录;

4 混凝土试件的性能试验报告;

5 隐蔽工程验收记录和相关图像资料;

6 子项工程质量验收记录,必要时应核查检验批验收记录;

7 墙体保温系统节能构造现场实体检验记录;

8 工程的重大质量问题的处理方案和验收记录;

9 其他对工程质量有影响的重要技术资料。

7.1.6 混凝土保温幕墙节能构造现场实体检验按现行国家标准《建筑节能工程施工质量验收规范》GB 50411 的规定执行。

7.2 模板和钢筋子项工程

7.2.1 模板和钢筋子项工程按现行国家标准《混凝土结构工程施工质量验收规范》GB 50204 的相关规定进行验收。

7.3 拉结钢筋和连接件子项工程

主控项目

7.3.1 拉结钢筋和连接件的规格、数量、位置及性能指标应满足设计要求。

检验方法:观察、尺量检查;核查质量证明文件。

检查数量:按进场批次,每批随机抽取 3 个试样进行检查;质量证明文件应按照其出厂检验批进行核查。

7.3.2 拉结钢筋和连接件的抗拉强度(抗拉力)应符合设计要求。

检验方法:拉结钢筋和连接件施工后应按附录的要求进行现场拉拔试验,现场抗拉强度(拉拔力)应符合设计要求。若设计没有提出抗拉强度值,拉结钢筋的抗拉强度不应小于 2.5 kN,连接件的抗拉强度不应小于 10 kN。

检查数量:同一厂家、同一品种的产品,当单位工程建筑面积在 20 000 m^2以下时各抽查不少于 3 次;当单位工程建筑面积在 20 000 m^2以上时各抽查不少于 6 次。

同一工程项目、同一施工单位且同时施工的多个规模较小的单位工程(建筑面积小于或等于 500 m^2),当采用相同的保温构造做法时,可合并计算建筑面积,且抽查总次数不应少于 3 次。

7.4 保温板子项工程

主控项目

7.4.1 用于混凝土保温幕墙工程的保温板材的品种、规格应符合设计要求和相关标准的规定。

检验方法:观察、尺量检查;核查质量证明文件。

检查数量:按进场批次,每批随机抽取 3 个试样进行检查;质量证明文件应按照其出厂检验批进行核查。

7.4.2 混凝土保温幕墙工程使用的保温材料,其导热系数、密度、抗压强度或压缩强度、燃烧性能应符合设计要求。

检验方法:核查质量证明文件及进场复验报告。

检查数量:全数检查。

7.4.3 混凝土保温幕墙工程采用的保温材料,进场时应对其下列性能进行复验(见表7.4.3),复验应为见证取样送检。

表7.4.3 见证取样复验项目

产品名称	复检项目
EPS或XPS板	导热系数、压缩强度或抗压强度、密度、燃烧性能
岩棉板	导热系数、密度、垂直于板面方向的抗拉强度

检验方法:随机抽样送检,核查复验报告。

检查数量:同一厂家同一品种的产品,当单位工程建筑面积在20 000 m^2以下时各抽查不少于3次;当单位工程建筑面积在20 000 m^2以上时各抽查不少于6次。

同一工程项目、同一施工单位且同时施工的多个规模较小的单位工程(建筑面积小于或等于500 m^2),当采用相同的保温构造做法时,可合并计算建筑面积,且抽查总次数不应少于3次。

7.4.4 混凝土保温幕墙工程的施工,应符合下列规定:

1 保温板材的厚度及材质应符合设计要求。

2 保温板材在模板中的位置应符合设计要求,并按照经过审批的施工方案固定牢固。

3 严禁在保温板材随意开洞。

检验方法:对照设计和施工方案观察检查;核查隐蔽工程验收记录;核查试验报告。

检查数量:每个检验批抽查不少于3处。

7.4.5 寒冷地区外墙热桥部位，应按设计要求采取节能保温等隔断热桥措施。

检验方法：对照设计和施工方案观察检查；核查隐蔽工程验收记录和相关图像资料。必要时，可在现场取芯验证。

检查数量：按不同热桥种类，每种抽查 20%，并不少于 5 处。

一般项目

7.4.6 进场节能保温材料与构件的外观和包装应完整无破损，符合设计要求和产品标准的规定。

检验方法：观察检查。

检查数量：全数检查。

7.4.7 设置空调的房间，其外墙热桥部位应按设计要求采取隔断热桥措施。

检验方法：对照设计和施工方案观察检查；核查隐蔽工程验收记录。

检查数量：按不同热桥种类，每种抽查 10%，并不少于 5 处。

7.4.8 施工产生的墙体缺陷，应按照施工方案采取隔断热桥措施，不得影响墙体热工性能。

检验方法：对照施工方案观察检查。

检查数量：全数检查。

7.5 混凝土子项工程

7.5.1 混凝土子项工程对原材料、配合比设计和混凝土施工按现行国家标准《混凝土结构工程施工质量验收规范》GB 50204 相关规定进行验收。

7.5.2 外墙外保温系统的外观质量缺陷的严重程度，按表 7.5.2 确定。

现浇混凝土保温幕墙工程拆模后，应由监理（建设）单位、施工单位对外观质量和尺寸偏差进行检查，作出记录，并应及时按施工技术方案对缺陷进行处理。

表 7.5.2　混凝土保温幕墙外观质量缺陷

名称	现象	严重缺陷	一般缺陷
露筋	构件内钢筋未被混凝土包裹而外露	纵向受力钢筋有露筋	其他钢筋有少量露筋
蜂窝	混凝土表面缺少水泥砂浆而形成石子外露	构件主要受力部位有蜂窝	其他部位有少量蜂窝
孔洞	混凝土中孔穴深度和长度均超过保护层厚度	构件主要受力部位有孔洞	其他部位有少量孔洞
夹渣	混凝土中夹有杂物且深度超过保护层厚度	构件主要受力部位有夹渣	其他部位有少量夹渣
疏松	混凝土中局部不密实	构件主要受力部位有疏松	其他部位有少量疏松
裂缝	缝隙从混凝土表面延伸至混凝土内部	构件主要受力部位有影响结构性能或使用功能的裂缝	其他部位有少量不影响结构性能或使用功能的裂缝
连接部位缺陷	构件连接处混凝土缺陷及连接钢筋、连接件松动	连接部位有影响结构传力性能的缺陷	连接部位有基本不影响结构传力性能的缺陷
外形缺陷	缺棱掉角、棱角不直、翘曲不平、飞边凸肋等	清水混凝土构件有影响使用功能或装饰效果的外形缺陷	其他混凝土构件有不影响使用功能的外形缺陷

续表 7.5.2

名称	现象	严重缺陷	一般缺陷
外表缺陷	构件表面麻面、掉皮、起砂、沾污等	具有重要装饰效果的清水混凝土构件有外表缺陷	其他混凝土构件有不影响使用功能的外表缺陷
保温板位置	保温板位移超过规定	构件主要受力部位有影响	墙体外表面混凝土厚度不足

主控项目

7.5.3 混凝土保温幕墙的外观质量不应有严重缺陷。

对已经出现的严重缺陷,应由施工单位提出技术处理方案,并经监理(建设)单位认可后进行处理。对经处理的部位,应重新检查验收。

检查数量:全数检查。

检验方法:观察,检查技术处理方案。

7.5.4 混凝土保温幕墙系统不应有影响结构性能和使用功能的尺寸偏差。

对超过尺寸允许偏差且影响结构性能和安装、使用功能的部位,应由施工单位提出技术处理方案,并经监理(建设)单位认可后进行处理。对经处理的部位,应重新检查验收。

检查数量:全数检查。

检验方法:量测,检查技术处理方案。

一般项目

7.5.5 混凝土保温幕墙的外观质量不宜有一般缺陷。

对已经出现的一般缺陷，应由施工单位按技术处理方案进行处理，并重新检查验收。

检查数量：全数检查。

检验方法：观察，检查技术处理方案。

7.5.6 混凝土保温幕墙的尺寸允许偏差和检验方法应符合表7.5.6规定。

表7.5.6 混凝土保温幕墙尺寸允许偏差和检验方法

项目	允许偏差(mm)	检验方法
立面垂直度	4	用2 m垂直检查尺检查
表面平整度	4	用2 m靠尺和塞尺检查
阴阳角方正	4	用直角检查尺检查
分格缝直线度	4	拉5 m通线，用钢直尺检查
面层混凝土厚度	+5，-3	GB 50411
保温板材位移	15	GB 50411
预留洞中心线位置	15	钢尺检查

检查数量：按楼层、结构缝或施工段划分检验批。在同一检验批墙面内，可按相邻轴线间高度5 m左右划分检查面，应抽查构件数量的10%，且不少于3件。

附录 A　拉结钢筋、连接件现场拉拔试验方法

A.0.1　试验用连接件(拉结钢筋)要求:每个检验批预留试验用连接件(拉结钢筋)不少于 10 件。

1　现浇混凝土保温幕墙,试验用连接件(拉结钢筋)端部在拆模后,应进行标识。试验前,局部破坏混凝土面层,使试验用连接件(拉结钢筋)外露长度满足拉拔仪的检测要求。

2　后置混凝土保温幕墙,可以在安装保温层之前进行连接件(拉结钢筋)现场拉拔试验方法。

A.0.2　抽样数量:现场抽样时,应以同品种、同规格、同强度等级的连接件(拉结钢筋)划分检验批。每个检验批抽取连接件(拉结钢筋)总数的 0.1% 且不少于 5 件。

A.0.3　检测设备要求:现场检测用的加荷设备可采用专门的拉拔仪,应符合下列规定:

1　设备的加荷能力应比预计的检验荷载值至少大 20%,应能连续、平稳、速度可控地运行;

2　加载设备应能以均匀速率在 2 ~ 3 min 内加载至设定的检验荷载,并持荷 2 min。

A.0.4　结果判定:

1　设计力值大于 f_0 时,一般初次设定的荷载设定为设计值的 0.8 倍,若初次检测满足要求,再进行第二次荷载试验。第二次设定荷载不应低于设计值,检测结果不低于设计要求,且受检连接件未破坏,则判定为合格;

2　如无设计力值要求,初次设定荷载设定为 $0.8f_0$,若初次检测满足要求,再进行第二次荷载试验。第二次连接件设定荷载为不低于 f_0,检测结果满足不低于 f_0,且受检连接件未破坏,则判定为合格。

3 现场拉拔力应按照式(A.0.4)的要求计算:

$$f = \frac{1}{5}\sum_{i=1}^{5} f_i \tag{A.0.4}$$

式中 f——现场拉拔力平均值,精确至0.1 kN;

f_i——单个拉结件的拉拔力,精确至0.1 kN;

f_0——当连接结件为拉结钢筋时,取2.5 kN,当连接结件为拉结件时,取10 kN。

本标准用词说明

1 执行本标准条文时,对要求严格程度不同的用词说明如下:

1)表示很严格,非这样做不可的用词:

正面词采用“必须”;反面词采用“严禁”。

2)表示严格,在正常情况下均应这样做的用词:

正面词采用“应”;反面词采用“不应”或“不得”。

3)表示允许稍有选择,在条件许可时首先应这样做的用词:

正面词采用“宜”;反面词采用“不宜”。

表示有选择,在一定条件下可以这样做的,采用“可”。

2 条文中指明应按其他有关标准、规范执行时,写法为“应按……执行”或“应符合……要求或规定”。

引用标准名录

1 《混凝土结构设计规范》GB 50010
2 《建筑设计防火规范》GB 50016
3 《建筑结构荷载规范》GB 50009
4 《钢结构设计标准》GB 50017
5 《建筑物防雷设计规范》GB 50057
6 《民用建筑热工设计规范》GB 50176
7 《建筑工程施工质量验收统一标准》GB 50300
8 《建筑装饰装修工程质量验收规范》GB 50210
9 《混凝土结构工程施工质量验收规范》GB 50204
10 《混凝土结构加固设计规范》GB 50367
11 《建筑结构加固工程施工质量验收规范》GB50550
12 《建筑节能工程施工质量验收规范》GB 50411
13 《碳素结构钢和低合金结构钢热轧钢板和钢带》GB/T 3274
14 《热轧型钢》GB/T 706
15 《钢筋混凝土用钢 第 1 部分:热轧光圆钢筋》GB/T 1499.1
16 《钢筋混凝土用钢 第 2 部分:热轧带肋钢筋》GB/T 1499.2
17 《钢筋混凝土用钢 第 3 部分:钢筋焊接网》GB/T 1499.3
18 《焊接接头拉伸试验方法》GB/T 2651
19 《硅酮和改性硅酮建筑密封胶》GB/T 14683
20 《绝热用模塑聚苯乙烯泡沫塑料》GB/T 10801.1
21 《绝热用挤塑聚苯乙烯泡沫塑料》GB/T 10801.2
22 《模塑聚苯板薄抹灰外墙外保温系统材料》GB/T 29906
23 《挤塑聚苯板(XPS)薄抹灰外墙外保温系统材料》GB/T 30595

24 《建筑外墙外保温用岩棉制品》GB/T 25975

25 《建筑工程饰面砖粘结强度检验标准》JGJ/T 110

26 《钢筋焊接网混凝土结构技术规程》JGJ 114

27 《金属和石材幕墙工程技术规程》JGJ 133

28 《外墙外保温工程技术规程》JGJ 144

29 《建筑施工模板安全技术规范》JGJ 162

30 《建筑抗震设计规范》GB 50011

河南省工程建设标准

混凝土保温幕墙工程技术规程

DBJ41/T112－2019

条 文 说 明

目　次

1 总 则

1.0.1 混凝土保温幕墙是由混凝土面层与保温板材组成的、不承担主体结构荷载与作用的保温与结构一体化保温系统。该系统可提高保温层粘贴的安全性和耐久性，符合相关防火标准要求，实现保温与建筑主体结构设计使用年限相同，可以用于既有建筑的节能改造等特点。

针对我省现有保温技术标准存在适用范围与《建筑设计防火规范》GB 50016 的规定存在交叉，保温系统承担的荷载计算方法不明确，缺少保证保温系统安全的检验验收要求等问题，在总结已有经验、征求意见后，对地方标准《混凝土保温幕墙工程技术规程》DBJ41/T 112－2016 进行了修订。本次修订的主要内容包括：

1 明确了标准适用范围；

2 保温体系安全度计算方法符合国内相关标准规定；

3 提出岩棉外墙保温与结构一体化构造，既适用于既有建筑的节能改造。

4 提出混凝土保温幕墙安全检测方法和规定，完善了质量验收内容。

1.0.2 关于本标准的适用范围问题。

《混凝土钢筋网架复合保温构造》14YTJ108 规定适用于 120 m 以下民用建筑，现行国家标准《建筑设计防火规范》GB 50016 第 6.7.5 条明确规定了无空腔建筑外墙外保温系统对应保温材料燃烧等级不同时，应用建筑高度的要求。结合上述 2 部标准的要求，本标准规定：

1 抗震设防烈度小于或等于 8 度的地区。

2 当采用 A 级保温材料（本标准指岩棉板）时，考虑岩棉吸水性能的特点，规定适用于建筑高度不大于 120 m 的民用建筑后置混凝土保温幕墙的设计、施工及验收。既有建筑节能改造项目应用优点尤为突出,新建项目使用后置混凝土幕墙也可采用。

3 当采用B1级保温材料(本标准指B1级保温材料包括模塑聚苯乙烯泡沫塑料板和挤塑聚苯乙烯泡沫塑料板)时,适用于建筑高度不大于100 m的新建、改建、扩建的住宅建筑和建筑高度不大于50 m的公共建筑(设置人员密集场所的建筑除外)混凝土保温幕墙的设计、施工及验收。

按照现行国家标准《建筑防火设计规范》GB 50016的要求,设置人员密集场所的建筑应采用A级保温材料。

2 术 语

2.0.4 为了保证混凝土保温幕墙在规定的抗震设防烈度下不应从基层上脱落,基层必须是牢固的,才能保证混凝土保温幕墙的锚固安全,所以必须选用混凝土外墙或砌体外墙。

3 基本规定

3.0.3 要保证混凝土保温幕墙在规定的抗震设防烈度下不从基层上脱落,应经过混凝土保温幕墙的结构设计,才能使安全度得到保证。

3.0.7 混凝土保温幕墙应符合现行国家标准《建筑设计防火规范》GB 50016 的相关规定。

3.0.8 限制混凝土保温幕墙存在集中热桥,是为了保证混凝土保温幕墙保温性能,避免出现内墙面结露现象。

3.0.9 设计使用年限应与主体结构相同是混凝土保温幕墙必须做到的。

4　材料性能要求

本章主要对混凝土保温幕墙所用主要材料性能提出具体技术要求。

5 设 计

5.1 一般规定

5.1.3 当建筑物的外围护结构是新建混凝土结构时,应优先选用现浇混凝土保温幕墙;当建筑物的外围护结构是既有建筑或新建砌体结构时,应选用后置混凝土保温幕墙,并根据使用功能进行混凝土保温幕墙热工设计。

5.1.4 混凝土保温幕墙主要承受自重、直接作用于其上的风荷载和地震作用。其支承条件须有一定变形能力以适应主体结构的位移;当主体结构在外力作用下产生位移时,不应对混凝土保温幕墙产生过大内力。

对于竖直的建筑物混凝土保温幕墙,风荷载是主要的作用,其数值可达 2.0 ~5.0 kN/m^2,使面板产生很大的弯曲应力。而混凝土保温幕墙自重较轻,即使按最大地震作用系数考虑,也不过是 0.1 ~0.8 kN/m^2,远小于风力,因此对混凝土保温幕墙构件本身而言,抗风压是主要的考虑因素。但是,地震是动力作用,对连接节点会产生较大的影响,使连接发生震害甚至使混凝土保温幕墙脱落、倒坍,所以除计算地震作用力外,构造上还必须予以加强。

5.1.5 混凝土保温幕墙由混凝土面层、连接件、保温材料与基层墙体组成,其变形能力是很小的。在地震作用和风力作用下,结构将会产生侧移。可以通过减小连接件间距,增加混凝土面层承载力、刚度和相对于主体结构的位移能力。

5.1.6 非抗震设计的混凝土保温幕墙,风荷载起控制作用。在风力作用下,混凝土保温幕墙与主体结构之间的连接件发生拔出、拉断等严重破坏比较少见。在常遇地震(比设防烈度低 1.5 度,大约 50 年一遇)作用下混凝土保温幕墙不能破坏,应保持完好;在中震（相当于设防烈度，大约 200 年一遇）作用下，混凝土保温幕墙不应有严重破坏，一般只允许部分板面破裂，经修理后仍然可以使用。在罕遇地震（相当于比设防烈度高 1.5 度，大约 1 500 ~ 2 000年一遇）作用下，混凝土保温幕墙面板不应脱落、倒塌。混凝土保温幕墙的抗震构造措施，应保证上述设计目标能实现。

5.2 结构设计

5.2.1 目前，结构设计的标准是小震下保持弹性，不产生损害。在这种情况下，混凝土保温幕墙也应处于弹性状态。因此，本标准中有关的内力计算均采用弹性计算方法进行。

现行国家标准《建筑抗震设计规范》GB 50011 中截面内应力设计值应为地震作用效应与其他荷载效应基本组合的设计值，在本条中均为以应力形式表达。

5.2.3 作用在混凝土保温幕墙上的风压和地震作用都是可变的，同时达到最大值的可能性很小。例如最大风力按 30 年一遇最大风值考虑；地震按 500 年一遇的设防烈度考虑。因此，在进行效应组合时，第一个可变荷载或作用的效应组合值系数按 1.0 考虑，第二个可变荷载或作用的效应组合值系数按 0.6 考虑。

5.2.4 在荷载及地震作用和温度作用下产生的应力应进行组合，求得应力的设计值。荷载、地震作用产生的应力组合时分项系数按现行国家标准《建筑结构荷载规范》GB 50009 采用。

5.2.5 荷载和作用

2 现行国家标准《建筑结构荷载规范》GB 50009 适用于主体结构设计，其附图《全国基本风压分布图》中的基本风压值是 30 年一遇，10 min 平均风压值。进行混凝土保温幕墙设计时，应采用阵风最大风压。由气象部门统计，并根据国际上 ISO 的建议，10 min 平均风速转换为 3s 的阵风风速，可采用变换系数 1.5。风压与风速平方成正比，因此本标准的阵风系数 β_{gz} 值，取为 $1.5^2=2.25$。

混凝土保温幕墙设计时采用的风荷载体型系数 μ_s，应考虑风力在建筑物表面分布的不均匀性。由风洞试验表明：建筑物表面的最大风压和风吸系数可达 ±1.5，挑檐向上的风吸系数可达 -2.0。建筑物垂直表面最大局部风压系数最大值 $\mu_s = \pm 1.5$，主要部分在角面和近屋顶边缘，其宽度为建筑物宽度的 0.1 倍，且不大于 1.5 m。大面上的体型系数可考虑为 $\mu_s = \pm 1.0$。目前，混凝土保温幕墙按整面 $\mu_s = \pm 1.5$ 进行设计是偏于安全的。

风力是随时间变动的荷载，对于这种脉动性变化的外力，可以通过两种方式之一来考虑：

1 通过阵风系数 β_{gz} 考虑，多用于周期较长、振动效应较大的主体结构设计；

2 通过最大瞬时风压考虑，对于刚度大、周期极短、变形很小的混凝土保温幕墙构件，采用这种方式较为合适。

不论采用何种方式，都是一个考虑多种因素影响的综合性调整系数，用来考虑变动风力对结构的不利影响。表达形式虽然不同，其目的是大体相同的。

3 按照现行国家标准《建筑抗震设计规范》GB 50011，在建筑物使用期间（大约 50 年一遇）的常遇地震，其他地震影响系数见表 5.2.5。

表 5.2.5 地震影响系数

地震烈度	6 度	7 度	8 度
地震影响系数	0.04	0.08	0.16

5.2.6 混凝土面层的混凝土强度等级不应低于 C25 是根据河南省所处环境类别和耐久性基本要求确定的，寒冷地区的面板混凝土应使用引气剂。为了减少混凝土面层的裂缝，面板混凝土强度等级不宜高于 C40。

5.3 构造要求

5.3.1 现浇混凝土保温幕墙主要适用于与主体结构同步施工的情况,后置混凝土保温幕墙是主体结构或建筑围护墙体施工完成后再进行墙体保温施工的混凝土保温幕墙,或者既有建筑进行改造时参考使用。连接构件可根据情况采用拉结钢筋、连接件和刚性支托三种形式。

5.3.4、5.3.6 这些条目列出的构造规定是保证混凝土保温幕墙安全的必要规定。

5.3.5 连接构件间距应考虑混凝土面层的刚度需要。为了控制混凝土面层的变形量,要求混凝土面层悬挑长度不应超过100 mm。为了保证混凝土面层与连接件的可靠性,要求连接构件至混凝土面层边沿不小于50 mm。

后置混凝土保温幕墙的连接构件在主体结构完成后埋设,可以在主体结构的预留洞中浇筑混凝土埋设,也可以先在主体结构上埋设预埋件,然后焊上连接件。

5.3.8 连接件、拉结钢筋穿过保温层的部分一般要做两道防腐涂层,第一道应为镀锌处理,第二道可为聚乙烯、聚氯乙烯或聚酯,涂层质量及厚度应满足表5.3.8的要求。

表5.3.8 连接件及拉结钢筋表面防腐涂层质量要求

项目	镀锌层平均质量(g/m^2)	涂层厚度(mm)	
		聚乙烯、聚氯乙烯	聚酯
要求	>90	>0.15	>0.10

5.3.9 混凝土保温幕墙的混凝土面层设置缩缝和胀缝是为了补偿夏季、冬季室内外温差造成的混凝土面层变形,防止混凝土面层出现不规则裂缝。

6 施　工

6.1 一般规定

6.1.1 根据现行国家标准《建筑工程施工质量验收统一标准》GB 50300 的有关规定，本条对混凝土保温幕墙工程施工现场和施工项目的质量管理体系和质量保证体系提出了要求。施工单位应推行生产控制和合格控制的全过程质量控制。对施工现场质量管理，要求有相应的施工技术标准、健全的质量管理体系、施工质量控制和质量检验制度；对具体的施工项目，要求有经审查批准的施工组织设计和施工技术方案。上述要求应能在施工过程中有效运行。

6.1.2 施工组织设计和施工技术方案应按程序审批，对涉及结构安全和人身安全的内容，应有明确的规定和相应的措施。

6.1.4 后置混凝土保温幕墙连接构件的安装可以先在现浇混凝土构件上留设预埋件，然后焊接型钢连接件；也可以将型钢连接件先浇筑在混凝土预制块中，在砌体施工时把混凝土预制块砌在预定位置。

6.2 模板子项工程

6.2.1 模板系统的可靠性是保证混凝土外观的关键因素，应按现行行业标准《建筑施工模板安全技术规范》JGJ 162 的规定进行设计和安装。

6.3 钢筋和连接构件子项工程

6.3.3 规定了现浇混凝土保温幕墙的连接构件设置要求。保证钢筋焊接网、附加钢筋和连接件之间的连接可靠，是保证混凝土面层与连接构件可靠连接的前提,也是保证混凝土保温幕墙整体安全的关键点。

6.3.4 规定了后置混凝土保温幕墙的连接构件设置要求。宜将连接构件制作成预制砌块,在墙体砌筑时砌入墙体为主。也可以采用后置的方式。

6.3.8 垫块应具有限制保温板位移和保证保护层厚度的双重作用。

6.3.9 现浇混凝土保温幕墙中的连接构件与混凝土同时施工,应采取可靠的固定措施保证连接件在施工过程中不发生位移。

6.4 保温板子项工程

6.4.1 保温板分项工程的隐蔽工程验收要求有详细的文字记录和必要的图像资料,是现行国家标准《建筑节能工程施工质量验收规范》GB 50411 的基本要求。

6.4.4 现浇混凝土保温幕墙中使用的保温板,应尽量使用整块的,避免固定不牢,在混凝土浇筑时发生位移偏移。

为了保证混凝土保温幕墙的保温性能,严禁在保温板上随意开洞。

6.5 混凝土子项工程

6.5.2 限制粗骨料最大颗粒粒径是为了保证混凝土面层的浇筑质量。

6.5.4 控制混凝土浇筑时的混凝土浇筑速度,是为了减少新浇筑混凝土对保温板产生的挤压变形;控制混凝土浇筑时保温板两侧混凝土的高差是为了防止保温板发生变形或位移。

6.5.5 本条是为了防止混凝土浇筑时振动棒触碰保温板或垫块导致其移位、变形。

6.5.6 后置混凝土保温幕墙分两次涂抹混凝土是为了保证面层

混凝土的施工质量。

6.5.7 这是为了使两次成活的混凝土结合牢固。

6.5.8 由于面层混凝土比较薄，在环境温度低于0 ℃时，新浇筑混凝土应采取保温措施防止冻害。

6.5.9 实践表明，混凝土浇筑完毕后，采取有效的养护措施，可以减少混凝土表面的碳化深度和开裂。

6.5.10 合理的分缝处理，可以避免混凝土保温幕墙出现不规则裂缝。

7 验 收

7.1 一般规定

7.1.1 混凝土保温幕墙的验收程序和组织与现行国家标准《建筑工程施工质量验收统一标准》GB 50300 的规定一致,即应由监理工程师(建设单位项目负责人)主持,会同参与工程建设各方共同进行。

7.1.3 本条规定与现行国家标准《建筑工程施工质量验收统一标准》GB 50300 和各专业工程施工质量验收规范完全一致。应注意对于"一般项目"不能作为可有可无的验收内容,验收时应要求一般项目亦应"全部合格"。当发现不合格情况时,应进行返工修理。只有当难以修复时,对于采用计数检验的验收项目,才允许适当放宽,即至少有 80% 以上的检查点合格即可通过验收,同时规定其余 20% 的不合格点不得有"严重缺陷"。对"严重缺陷"可理解为明显影响了使用功能,造成功能上的缺陷和降低。

7.3 拉结钢筋和连接件子项工程

7.3.2 拉结钢筋和连接件的抗拉强度(抗拉力)是保证混凝土保温幕墙安全的关键因素,所以要进行现场拉拔试验。

7.4 保温板子项工程

7.4.1 用于混凝土保温幕墙的保温板材主要采用 EPS 板、XPS 板和岩棉板,其品种、规格应符合设计要求,不能随意改变和替代。在材料、构件进场时通过目视和尺量、称重等方法检查,并对其质量证明文件进行核查确认。检查数量为每种材料、构件按进场批次每批次随机抽取3个试样进行检查。当能够证实多次进场的同种材料属于同一生产批次时,可按该材料的出厂检验批次和抽样数量进行检查。如果发现问题,应扩大抽查数量,最终确定该批材料、构件是否符合设计要求。

7.4.2 保温材料的主要热工性能是否满足本条规定,主要依靠对各种质量证明文件的核查和进场复验。核查质量证明文件包括核查材料的出厂合格证、性能检测报告、构件的型式检验报告等。当上述质量证明文件和各种检测报告为复印件时,应加盖证明其真实性的相关单位印章和经手人员签字,并应注明原件存放处。必要时,还应核对原件。

7.4.3 本条列出节能工程保温材料进场复验的具体项目和参数要求。复验的试验方法应遵守相应产品的试验方法标准。复验指标是否合格应依据设计要求和产品标准判定。复验抽样频率按现行国家标准《建筑节能工程施工质量验收规范》GB 50411 的规定。

7.4.4 保温板材的厚度对保温效果影响较大,保温板在模板内的位置和固定牢固程度会影响结构安全;为了保证混凝土保温幕墙的保温性能,严禁在保温板上随意开洞。所以,要求严格检查并作包含图像资料的隐蔽工程验收记录。

7.4.5 本条特别对寒冷地区的外墙热桥部位提出要求。这些地区外墙的热桥,对于墙体总体保温效果影响较大,故要求均应按设计要求采取隔断热桥或节能保温措施。尤其是某些施工企业为了混凝土浇筑方便,在保温板材随意开洞,造成大面积热桥,是会严重影响墙体总体保温效果的。

7.5 混凝土子项工程

7.5.2 对现浇混凝土保温幕墙外观质量的验收,采用检查缺陷,并对缺陷的性质和数量加以限制的方法进行。本条给出了确定现浇结构外观质量严重缺陷、一般缺陷的一般原则。各种缺陷的数量限制可由各地根据实际情况作出具体规定。当外观质量缺陷的严重程度超过本条规定的一般缺陷时,可按严重缺陷处理。在具体实施中,外观质量缺陷对结构性能和使用功能等的影响程度,应由监理(建设)单位、施工单位等各方共同确定。对于具有重要装饰效果的清水混凝土,考虑到其装饰效果属于主要使用功能,故将其表面外形缺陷、外表缺陷确定为严重缺陷。

现浇混凝土保温幕墙拆模后,施工单位应及时会同监理(建设)单位对混凝土外观质量和尺寸偏差进行检查,并作出记录。不论何种缺陷都应及时进行处理,并重新检查验收。

7.5.3 外观质量的严重缺陷通常会影响到结构性能、使用功能或耐久性。对已经出现的严重缺陷,应由施工单位根据缺陷的具体情况提出技术处理方案,经监理(建设)单位认可后进行处理,并重新检查验收。

7.5.4 过大的尺寸偏差可能影响结构构件的受力性能、使用功能,也可能影响设备在基础上的安装、使用。验收时,应根据现浇结构、混凝土设备基础尺寸偏差的具体情况,由监理(建设)单位、施工单位等各方共同确定尺寸偏差对结构性能和安装使用功能的影响程度。对超过尺寸允许偏差且影响结构性能和安装、使用功能的部位,应由施工单位根据尺寸偏差的具体情况提出技术处理方案,经监理(建设)单位认可后进行处理,并重新检查验收。

7.5.5 外观质量的一般缺陷通常不会影响到结构性能、使用功能,但有碍观瞻,故对已经出现的一般缺陷,也应及时处理,并重新检查验收。

7.5.6 本条给出了混凝土保温幕墙的允许偏差及检验方法,并结合具体情况提出了保温板材允许位移数值。在实际应用时,尺寸偏差除应符合本条规定外，还应满足设计提出的要求。尺寸偏差的检验方法可采用表 7.5.6 的方法，也可采用其他方法进行相应的检测。